厨房里的科学

厨房里的化学

稀奇古怪国的捣蛋鬼

柔萱 陈怡萱 编著

石油工业出版社

图书在版编目（CIP）数据

厨房里的化学 . 稀奇古怪国的捣蛋鬼 / 柔萱，陈怡萱编著. —— 北京：石油工业出版社，2024.12.

ISBN 978-7-5183-7089-4

Ⅰ. O6-49

中国国家版本馆CIP数据核字第2024EW7921号

厨房里的化学　稀奇古怪国的捣蛋鬼

柔萱　陈怡萱　编著

出版发行：石油工业出版社

　　　　　（北京安定门外安华里 2 区 1 号楼 100011）

网　　址：www.petropub.com

编 辑 部：（010）64523689

图书营销中心：（010）64523633

经　　销：全国新华书店

印　　刷：北京中石油彩色印刷有限责任公司

2024 年 12 月第 1 版　2024 年 12 月第 1 次印刷

850 毫米 ×1000 毫米　开本：1/16　印张：5.5

字数：61 千字

定价：49.80 元

（如出现印装质量问题，我社图书营销中心负责调换）

前 言

厨房里有什么？你一定会说：有柠檬、菠萝、紫甘蓝，有白醋、食盐、小苏打，有筷子、汤勺、饼干盒，还有热汤、面包、白米饭……

可是，你知道吗：菠萝能做嫩肉粉？生豆浆竟然有毒？紫甘蓝能当指示剂？可乐能让鸡蛋壳变薄？柠檬汁可以用来写密信？白醋和小苏打遇到一起竟然能变魔术？

翻开这本书，你就如同走进了一个妙趣横生的科学王国。这里有充满好奇心的牛小顿、知识渊博的怪博士、善良可爱的嘟嘟国王、细致周到的慢吞吞小姐……他们在小小的厨房里，用一个个风趣幽默的故事，为我们呈现出一场场精彩的科学盛宴。

故事中疑点重重，别着急！"化学来揭秘"版块用化学知识，深入浅出地为你释疑解惑，揭开日常现象中所包含的科学原理。

"厨房是个实验室"版块里，设计了许多富有创意的科学小实验。小实验用到的实验器材都是厨房里的常见物品，轻松可得。科学实验卸下了它的严肃和刻板，变得有趣又亲切。

在这里，厨房不仅仅是烹饪的场所，更是小朋友们爱上科学、探索科学的起点。

目　录

稀奇古怪国的捣蛋鬼

铁生锈

连绵细雨下了五天五夜后，稀奇古怪国接二连三地发生了好多怪事：年久失修的滑梯烂了一个大窟窿，用了很久很久的凉亭铁架子折了，笨笨熊的祖传菜刀断了……大家纷纷来找嘟嘟国王告状：一定有一个捣蛋鬼在搞破坏！到底这个捣蛋鬼是谁呢？

　　"刷刷刷……"稀奇古怪国下雨啦，而且整整下了五天五夜。要知道，稀奇古怪国可是几乎不下雨的哟！

　　嘟嘟国王看看窗外连绵不断的细雨，翻开厚厚的《十万个我知道》，自言自语："天哪！我刚刚知道——稀奇古怪国竟然有一百一十一年零一百一十天没有下过雨了！"

　　到了第六天，雨停了，阳光明媚。嘟嘟国王开门一看，立刻惊呆了！只见外面一片红通通：院子里的铁皮地板变成了红褐色，厨房外的铁皮水桶变成了红褐色，放在墙角的长梯子变成了红褐色……就连他最喜爱的铁皮马车也变成了红褐色。

　　"哇！不错，不错！"嘟嘟国王一阵欢呼，"到处都是红褐色，多喜庆！看来，稀奇古怪国要'红'运当头啦！"

"哎哟，哎哟！"嘟嘟国王正在想入非非，突然，牛小顿捂着屁股，一瘸一拐地闯进院子。"哎哟……我的屁股好疼好疼！"牛小顿哭哭啼啼地向嘟嘟国王告状，"刚才我去滑滑梯，没想到，刚坐上去，滑梯竟然烂出一个大窟窿！我一下子摔到了地上，您瞧……"牛小顿转过身让嘟嘟国王看："我的屁股都摔成两半儿啦！"

"啊？这是怎么回事？"嘟嘟国王很奇怪，"虽然稀奇古怪国的铁滑梯年久失修，但上面也没有大窟窿呀，难道是哪个捣蛋鬼把滑梯弄坏了？"

正说着，胖公主气哼哼地走进院子。"哼！"胖公主很生气，"刚才我坐在凉亭下看风景，没想到，支撑凉亭的一根铁架子竟然'咔嚓'一声断了！幸好我跑得快，要不肯定被砸扁！"

"啊?"嘟嘟国王吓了一跳,"这还了得?!虽然稀奇古怪国凉亭的铁架子年代久远,但也没有坏掉的地方呀,难道是哪个捣蛋鬼在搞破坏?"

"呜呜呜……我的菜刀呀!"大家正在猜测,突然,笨笨熊厨师举着一把破菜刀从厨房里跑出来:"刚才我正做饭,想给嘟嘟国王做好吃的红烧排骨。"

"可是，一刀剁下去，排骨没有断，我的菜刀刀刃裂了！"笨笨熊气急败坏地挥了挥菜刀："我的菜刀可是祖传的传家宝呀……"

"是呀！"嘟嘟国王很惋惜，"这把菜刀一直都很锋利呀，难道是哪个捣蛋鬼在菜刀上做了手脚？"

"菜刀不能用，我还怎么做饭？"笨笨熊气呼呼地瞥了嘟嘟国王一眼，"您还怎么吃红烧排骨？"

对呀！一想到红烧排骨，嘟嘟国王立刻口水直流。没有红烧排骨，生活不就变得没滋味了嘛！这可不行！嘟嘟国王一拍桌子，怒气冲天地叫起来："谁是稀奇古怪国的捣蛋鬼？我一定要马上把他揪出来！"

嘟嘟国王正在发脾气，这时，怪博士不慌不忙地走了过来。

"别着急。"怪博士慢悠悠地用手在发红的铁皮地板上抹了一把，他的手立刻变成了红褐色，"瞧——捣蛋鬼就是它哟！"

大家急忙凑过去仔细看。

"这是什么？"嘟嘟国王看了半天也没有看明白。

"红褐色的东西是铁锈。"怪博士耐心地解释，"下雨后，空气潮湿，铁就非常容易生锈。铁锈是红褐色的，它又松又软，像海绵一样。所以，牛小顿坐在年久失修又生了锈的滑梯上，会掉下去；凉亭里用了很久的铁架子生了锈会断掉；笨笨熊祖传的菜刀生了锈刀刃会变钝。"

"哦，原来如此！"大家恍然大悟。

"那怎么才能防止生锈呢？"嘟嘟国王问。

"可以刷漆，"怪博士慢悠悠地说，"还可以……"

　　"哈！好办法！"没等怪博士说完，笨笨熊就忙转身跑进厨房。不一会儿，笨笨熊举着刷满五颜六色的漆的菜刀又跑了出来。

　　"瞧！"他得意扬扬地向大家晃了晃菜刀，"刷上漆，我的菜刀就不会生锈啦！"

　　"哎呀呀……"怪博士急得直跺脚，"菜刀防止生锈可以刷一层油呀……刷了漆的菜刀不会生锈，可还怎么切肉切菜呀？！"怪博士瞪了笨笨熊一眼，没好气地说："我看你的脑子也是要生锈了！"

　　"好吧！我知道该怎么做了！"笨笨熊挠挠头，转身又跑进厨房。不一会儿，笨笨熊举着不知从哪儿弄的一把油汪汪的菜刀，顶着一头刷了漆的头发又跑了出来。

　　"哈哈哈！"他得意扬扬地向大家晃了晃菜刀和脑袋，"瞧！刀涂了油，头刷上漆，我的菜刀和脑袋就都不会生锈啦！"

　　小朋友，你有没有注意到，被雨淋过或被水泡过的铁钉子、铁斧头、铁锹等往往会变红。还有家里炒菜的铁锅洗过之后，湿乎乎的，第二天会看到锅底有一层红褐色。这些都是铁生锈造成的。

　　铁是一种非常活泼的金属，在湿润的环境中放久了，就会和空气中的氧气发生反应，生成红褐色的氧化铁，也就是我们常说的铁锈。

　　铁生锈有很多危害。铁锈可不像铁那么坚硬，铁生锈后，体积会胀大，变得像海绵一样又松又软。如果铁锈不除去，这些海绵一样的铁锈特别容易吸收水分，铁锈下面的铁就更容易生锈了。故事里讲的滑梯烂了一个大洞导致牛小顿摔到地上、凉亭铁架子断了导致胖公主差点儿被砸等都是铁锈惹的祸。另外，炒菜的锅生了锈，如果不及时清除掉，吃进肚子里，还会对人的肝脏等器官造成危害呢！

怎样防止生锈呢？

我们可以在铁制品的表面刷漆，也可以在铁制品的表面涂上一层油，都能起到很好的防锈效果。另外，还可以在铁里面掺进去一些性质特殊的金属，制作出来的铁合金就变得不容易生锈了。人们给这种铁合金起了个很独特的外号，叫"不锈钢"。

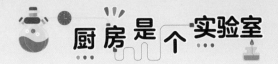

谁最爱生锈？

🔍 **实验准备**

玻璃杯 3 个　玻璃杯编号贴纸　铁钉 3 根　水　油

（1）3个玻璃杯分别贴上编号贴纸：1号、2号、3号。

（2）把3根一模一样的铁钉分别放进3个玻璃杯里。

（3）1号杯子里什么都不倒；2号杯子里倒入水，使铁钉一半没入水中；3号杯子里倒入油，使铁钉完全没入油中。

水　　油

（4）静置一周并仔细观察，可以发现1号杯子里的铁钉会生锈，但生锈较慢，2号杯子里的铁钉很快生锈，3号杯子里的铁钉没有生锈。

一周后

铁生锈需要两个"小伙伴"——水和氧气。这两个小伙伴缺一不可。只有水没有氧气，铁不会生锈；只有氧气没有水，铁也不会生锈。只有两个小伙伴都在，铁才会开始生锈。

水 + 氧气 → 生锈

1号杯子里的铁钉和空气中的氧气接触，但是周围几乎没有水，只有空气中少量的水蒸气，所以放了好长时间才生锈。

2号杯子里的铁钉一半放在水里，既能和空气中的氧气接触，又能和周围的水接触，所以很快生锈了。

3号杯子里的铁钉放在油里，像是穿了一件铁布衫，隔绝了空气和水，不管过多长时间，都不会生锈。

魔法大比拼
小苏打

　　稀奇古怪国来了一个不速之客——黑暗星球的黑暗魔法师。黑暗魔法师想要霸占稀奇古怪国，除非稀奇古怪国能用魔法打败他的魔法。于是，一场魔法大比拼拉开帷幕。最终，慢吞吞小姐竟然凭借一袋小苏打和一瓶白醋战胜了黑暗魔法师。这是怎么回事呢？

嗡嗡嗡……稀奇古怪国的上空出现了一个小黑点。大家都好奇地仰起头盯着看。

声音越来越响，黑点越来越大。嘟嘟国王叫起来："飞碟！是一架飞碟！"

咚！飞碟落到稀奇古怪大街慢吞吞小姐家门前，从飞碟里走出一个披着黑色长袍、戴着黑色魔法帽、手拿黑色魔法棒的魔法师。魔法师"叽里咕噜"说了长长的一段话。

嘟嘟国王挠挠头："咦？他在说什么？我一句话也听不懂。"

怪博士精通多种语言，临时当起了翻译："他说的是：'我是黑暗星球的黑暗魔法师。我们的星球阴暗潮湿。当我看到你们星球的那一刻，我就深深地喜欢上了它。'"

"我也喜欢我们的星球。"嘟嘟国王很有礼貌地对黑暗魔法师说，"谢谢你的喜欢。"

不过，接下来的话把大家吓了一跳。

"我想用魔法把我们两个星球的居民来个大交换，也就是你们去我们星球，我们来你们星球。"怪博士接着翻译，"除非……"

"啊？这怎么行？！"大家都又急又怕，忙问，"除非什么？"

"除非你们的魔法能打败我的魔法！"黑暗魔法师说着露出一丝冷笑。

　　"那好吧！"嘟嘟国王点头答应，"魔法大比拼现在就开始吧！咕噜魔法师……咕噜魔法师……"嘟嘟国王叫了好几声，咕噜魔法师也没有出现。嘟嘟国王这才想起来："哎呀！糟糕！咕噜魔法师昨天出去旅游了。"

　　咕噜魔法师不在，这可怎么办？大家都慌了神。

　　"别急，我也喜欢魔法，可以试一试哦！"大家回头看，只见慢吞吞小姐穿着花围裙，戴着厨师帽，从厨房里不慌不忙地走了出来。

　　"一个厨师竟然敢跟我黑暗魔法师比魔法？！"黑暗魔法师不屑一顾地瞥了一眼慢吞吞小姐，"你输定了！"

　　慢吞吞小姐慢悠悠地笑了笑："先比比看吧！"

　　好吧！魔法大比拼正式开始。

第一轮比赛：隔空灭蜡烛

嘟嘟国王宣布比赛规则：不准吹，不准扇，不准踩，不准用水浇，不准碰触到蜡烛，隔空把点燃的蜡烛熄灭。

"这么多不准！"黑暗魔法师不耐烦地翻翻白眼，围着蜡烛不停地念着魔法咒语，"嘀里嘟噜……叽里咕噜……"最后，他举起魔法棒对着蜡烛一挥："灭！"只见火焰只是轻微晃动了一下。魔法师气急败坏地嚷嚷道："哎呀呀！我们星球根本就没有蜡烛，更没有什么灭蜡烛的魔法！"

"看我的。"慢吞吞小姐慢吞吞地从厨房里拿来一袋小苏打和一瓶白醋，还有勺子、筷子和杯子。只见她舀了几勺小苏打到杯子里，又在杯子里倒了一些白醋，用筷子搅拌了几下。然后，慢吞吞小姐端着杯子凑近蜡烛，杯口向着蜡烛歪了歪——

噗！蜡烛竟然熄灭了！

"哇！好神奇！"大家一阵欢呼。

第一轮比赛，慢吞吞小姐胜。

第二轮比赛：吹气球

比赛规则：不准用嘴巴，不准用打气筒，把气球吹大。

嘟嘟国王说完比赛规则，递给黑暗魔法师和慢吞吞小姐每人一个瘪瘪的气球。

"叽里咕噜……嘀里嘟噜……"黑暗魔法师对着气球念念有词，接着，他猛地一挥魔法棒，气球纹丝没动。黑暗魔法师看了一眼气球，气哼哼地站到了一边。

"看我的。"慢吞吞小姐从厨房里拿来一个空瓶子。她舀了几勺小苏打放进瓶里，又往里倒了一些白醋，然后，把一个气球套在瓶口上。

神奇的事情发生了——气球竟然慢慢地鼓了起来，最后变得又圆又大！

哈！真有趣！大家看得津津有味。

第二轮比赛，慢吞吞小姐胜。

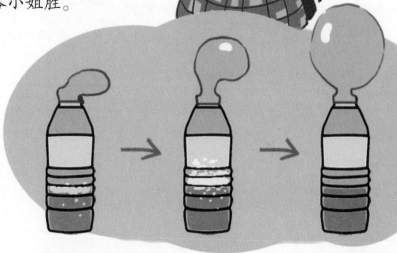

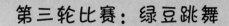

第三轮比赛：绿豆跳舞

比赛规则：不准用手摇晃杯子，让绿豆在杯子里跳舞。

嘟嘟国王说完比赛规则，端来两个杯子，又在每个杯子里放了一小勺绿豆。

黑暗魔法师对着一个杯子里的绿豆，念起了魔法咒语："稀里哗啦……滴滴答答……噼里啪啦……"在念到第一百遍魔法咒语时，黑暗魔法师用力一吹，绿豆飞得到处都是。

"哎！这也不像绿豆跳舞呀，倒像是绿豆集体大逃亡！"大家都哈哈大笑。黑暗魔法师气得直翻白眼。

接着，慢吞吞小姐上场，她不慌不忙地在盛着绿豆的杯子里放了几勺小苏打，又倒了半杯白醋。不一会儿，杯子里的绿豆开始热闹起来，它们漂上来又落下去，起起落落，像是在杯子里跳舞一样。

大家都看得目瞪口呆，好半天才爆发出一阵雷鸣般的掌声。

第三轮比赛，还是慢吞吞小姐胜。

黑暗魔法师输得心服口服，他黑黝黝的脸慢慢红了，很快又由红变白，最后他大叫一声："这个星球上的人好可怕呀！我一个堂堂的黑暗魔法师，竟然败给了一个慢吞吞的厨师！"

黑暗魔法师一面说，一面捂着脸跳上他的飞碟，灰溜溜地逃走了。

小苏打和白醋是厨房里最最普通的常客。小苏打的主要成分是碳酸氢钠，呈碱性；白醋的主要成分是醋酸，呈酸性。当碱性的小苏打遇到酸性的白醋，就像两个死对头一样，立刻发生激烈的化学反应，上演一场惊心动魄的酸碱中和大战！战斗中产生大量气体，这种气体叫"二氧化碳"。

第一轮比赛中，慢吞吞小姐把生成的二氧化碳气体倒向点燃的蜡烛，使蜡烛和氧气隔绝，没有了氧气，火自然就灭了。

第二轮比赛中，慢吞吞小姐把气球套在瓶口，瓶子里小苏打和白醋反应，生成的二氧化碳气体进入气球，把气球吹大了。

第三轮比赛中，杯子里反应生成大量二氧化碳气体，这些二氧化碳气体变成一个个小气泡冒出来，推着杯子里的绿豆向上升。气泡冒出后，绿豆又在重力的作用下往下落。这样看起来，绿豆起起落落，像是在跳舞一样。

厨房里的小苏打

　　在厨房里，小苏打经常用作面团膨松剂。小苏打在50℃以上开始慢慢分解，生成碳酸钠、水和二氧化碳气体。如果面团里加入小苏打，生成的二氧化碳气体从面团里慢慢冒出，会让面团变得多孔蓬松，因此，小苏打经常用来做馒头、饼干、面包等食品。加入一点白醋，面团蓬松起来会更快哟！

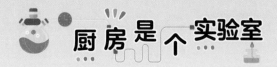

厨房是个实验室

画梅花

🔍 **实验准备**

白醋　小苏打　滴管　吸管　小勺　墨汁　红色颜料　纸

🧪 实验步骤

用吸管把墨水吹开，吹成树干的样子。

在纸上滴一滴墨水。

用小勺在小树枝上放小苏打。

在小苏打的中心滴上红色颜料。

用滴管在小苏打上滴白醋。

瞧！小苏打冒出一个个小气泡，树上朵朵梅花"咕嘟咕嘟"地绽放啦！

厨房里的小苏打本领可真大！它除了能变魔术、画画、做面团膨松剂，还能治病呢！在制药工业中，小苏打经常被当作制药原料，用来制作治疗胃酸过多的药呢！

食用小苏打

胖公主很生气

会隐形的字

胖公主想约请朋友们和她一起过生日，可是，朋友们都拒绝了她，胖公主好生气呀！她请怪博士帮她写几封绝交信。怪博士按胖公主的要求写了信。可是，为什么朋友们收到的信上一个字都没有呢？

今天是胖公主的生日，她准备了香香的蘑菇汤、甜甜的葡萄汁、脆脆的土豆饼，还有闻一闻都让人流口水的草莓慕斯大蛋糕。接着，胖公主翻出电话本，开始给朋友们打电话。

她先拨通了瘦公主的电话:"喂,瘦公主吗?"胖公主自顾自地接着说:"今天是我的生日,好高兴呀!赶快来我家,跟我一起庆祝吧!"

"可是……"瘦公主很着急地说,"可是,我正在忙着叠幸运星呢,不能立刻去你家呀!"

胖公主有点失望,不过,没关系,她又拨通了慢吞吞小姐的电话:"喂,慢吞吞小姐吗?今天是我的生日,好高兴呀!赶快来我家,跟我一起庆祝吧!"

"可是……"慢吞吞小姐慢吞吞地说,"可是,我正在赶去花店买花,不能立刻去你家呀!"

唉!胖公主叹了一口气,她又拨通了急匆匆先生的电话。还没等胖公主开口说话,电话里就传来急匆匆先生急匆匆的声音:"对不起,我正在果园里忙着摘苹果呢,没有时间打电话。"然后,电话就被挂断了。

"哼！"胖公主气不打一处来，她把电话扔到一边，大声嚷嚷道，"他们竟然都这样对我！可恶！真可恶！"胖公主越想越生气，她的脸气得通红，好像随时会"腾"的一声，冒出小火苗来一样。

胖公主怒气冲冲地来找怪博士："麻烦您帮我写几封绝交信吧，我再也不和他们做朋友了！"

怪博士正在看报纸，他不慌不忙地问："你真的要和朋友们绝交吗？"

"当然！本来我想自己写信……"胖公主气急败坏地摊开两只手，给怪博士看，"只不过，我现在气得浑身直冒火，我怕自己的手一碰到信纸，信纸会被烧出一个大窟窿。"

"那好吧，我来帮你写。"怪博士慢悠悠地放下报纸，开始准备写信。

怪博士的信真的很奇怪，他没用墨水，也没用钢笔，而是跑进厨房，从冰箱里拿出一个柠檬，用水果刀把柠檬切成两半，然后，挤出柠檬汁滴在杯子里。接着，怪博士拿来一根棉签，在柠檬汁里蘸了蘸。

"写什么呢？"怪博士举着棉签问胖公主。

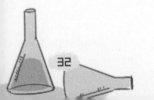

"就写'我讨厌你！再也不和你做朋友了！哼！'"胖公主握紧拳头，咬牙切齿地大叫。

"好吧！"怪博士按照胖公主说的，写完一封信。他使劲儿用嘴巴把信吹干，再把信纸塞进一个大信封里。

接着，怪博士又帮胖公主写了两封一模一样的信。

"真是太感谢您啦！"胖公主很满意。她立刻跑回家，把这三封信分别快递给瘦公主、慢吞吞小姐和急匆匆先生。

信寄走了，胖公主沮丧地坐在桌子前，对着满桌子的美味发呆。

过了一会儿，突然，咚咚咚——是谁在敲门？胖公主无精打采地走到门口，拉开门。哈！她一下子惊呆了——

门口站着瘦公主、慢吞吞小姐和急匆匆先生。瘦公主抱着一大瓶五颜六色的幸运星，慢吞吞小姐捧着一大束香喷喷的桔梗花，急匆匆先生拎着一大篮甜滋滋的红苹果。

"生日快乐！"三个人一起说，"真不好意思，刚才你打电话的时候，我正在忙着给你准备生日礼物呢！"

"啊？原来是这样呀……"胖公主的火气立刻全都消了，她红着脸，小心翼翼、结结巴巴地问，"你们……你们有没有收到我的信？"

"收到啦，收到啦！"三个人一起从口袋里把信掏了出来，"你的生日约请信好特别呀！"

"生日约请信？"胖公主很奇怪，绝交信竟然变成了生日约请信！这是怎么回事呢？

　　"你瞧——上面一个字都没有。"急匆匆先生飞快地把手里的信递给胖公主。

　　"一个字都没有？"胖公主接过信一看，信纸上果然是空荡荡的，没有一个字。

　　"嘘——"胖公主如释重负地松了一口气。不过，她非常好奇：信上的字呢？难道字长了腿，逃跑了吗？它们都跑到哪里去了呀？

化学来揭秘

　　小朋友，在很多电影和电视剧中，我们经常能看到五花八门的谍报技术。其中有一种技术就是"密信"。"密信"指的是信上的字会隐藏起来。寄信人和收信人约定只有用一种特定的方法，才能把隐藏的字显现出来。这样，除了寄信人和收信人，其他人都不能看到信上的字。是不是很神秘呀？

　　故事中，怪博士帮胖公主用柠檬汁写的信，就是"密信"。当然了，收信的三人都不知道信是密信，所以没看到信的内容。想看密信吗？点燃一根蜡烛，把密信放到蜡烛火焰附近烤一烤，注意不要让纸点燃哟！不一会儿，密信上的字就会显形啦！

柠檬汁为什么能写密信呢?

柠檬汁写完字,晾干后,就变成了一层无色透明的薄膜。所以怪博士用柠檬汁写的信晾干后,信上的字就消失了。另外,柠檬汁写在纸上能够降低纸的燃点。因此,把密信放到火旁边烤一烤,纸上有柠檬汁的地方最先被烤焦,呈现出棕黄色。这样,写过的字就显现出来了。

写密信

其实，写密信的方法还有很多。比如，我们可以用厨房里的淘米水来写一封密信。

实验准备

淘米水　碘酒　杯子　棉签　喷雾瓶　纸

实验步骤

（1）用棉签蘸着淘米水在白纸上写几个字，把白纸上的字迹晾干。晾干后，纸上的字迹看不到了，密信也就制作完成啦！

（2）把一半是碘酒，一半是水的混合溶液装进喷雾瓶里，对着纸张喷一喷，纸上的字就显现出来了。

小提示

如果没有淘米水，可以用面粉水代替。取一点面粉放进水里，搅拌均匀，制成面粉水。如果没有喷雾瓶，用棉签蘸着碘酒在纸上涂也可以。

淘米水或面粉水中含有淀粉，淀粉是白色的，用淀粉水写在白纸上的字晾干后就消失不见了。淀粉有个很有趣的特点，就是遇到碘会变成蓝色。所以，当我们把碘酒喷到白纸上的时候，有淘米水或面粉水的地方就会变成蓝色。这样，消失的字变成了蓝色，我们就能看得清清楚楚啦！

坏脾气女王来做客
酶促褐变

　　哼哼女王来稀奇古怪国做客，她的脾气很坏很坏。哼哼女王一发脾气，头上就会冒出一个个小火苗，好危险啊！

　　嘟嘟国王为了让哼哼女王高兴起来，准备了丰盛的晚宴。可是，晚宴刚开始就状况百出，这可怎么办呢？

　　哼哼国的哼哼女王来稀奇古怪国做客了。女王的脾气很坏很坏，动不动就握紧拳头、跺着脚大叫："哼！哼！"

　　走在大街上，哼哼女王看到慢吞吞小姐慢吞吞地走过来，她气不打一处来："哼！哼！走路慢吞吞的，好急人！"

　　看到急匆匆先生急匆匆地跑过去，她又尖叫起来："哼！哼！跑这么快干吗，差点儿撞到我！"

　　看到胖公主穿着花裙子走在前面，哼哼女王更是火冒三丈："哼！哼！她的裙子竟然敢和我的一模一样！"

　　坏脾气女王一发脾气，头顶上就冒出一串串小火苗。风一吹，火

苗蔓延得到处都是：胖公主的花裙子被烧了一个大窟窿，漂亮裙子变成了破裙子；慢吞吞小姐的手提袋被烧破了底，里面的鸡蛋"噼里啪啦"地掉到地上，摔了个粉碎；更可怕的是，有的小火苗蹿到屋顶上，差点儿引起火灾。

于是，嘟嘟国王紧急召开会议，叮嘱大家一定要格外小心，不要惹坏脾气女王发脾气。为了让坏脾气女王高兴起来，嘟嘟国王决定举办一场盛大的晚宴。

晚宴开始前，慢吞吞小姐先端来一盘切成薄片的苹果，她慢悠悠地向女王微笑："哼哼女王，请您品尝。"

　　坏脾气女王点点头，用两根手指头捏起一片苹果，放到嘴巴里细细地嚼啊嚼。突然，她指着桌上的苹果片，尖声叫起来："哼！哼！你们就拿这样的烂苹果来招待客人吗？"

　　嘟嘟国王忙看了看那盘苹果片，只见本来米白色的苹果片变成了棕褐色，看起来好像要腐烂的样子。

　　坏脾气女王头上的小火星刚要冒头，嘟嘟国王忙向坏脾气女王道歉，然后飞快地转头对急匆匆先生说："快，快！快换一盘水果上来！"

　　"好吧！"急匆匆先生答应一声跑了，一转眼，端来一盘切成小片的香蕉。他毕恭毕敬地把香蕉片放到坏脾气女王面前："哼哼女王，请您慢用。"

　　坏脾气女王撇撇嘴，用一根细细的牙签挑起一片香蕉放进嘴巴里，慢条斯理地嚼起来。突然，她指着桌上的香蕉片，尖声叫起来："哼！哼！你们真是太不尊重客人啦！"

　　嘟嘟国王忙看了看那盘香蕉片，只见本来奶白色的香蕉片也变成了棕褐色！

坏脾气女王的脑门儿已经变得红通通，看来一场大火就要喷薄而出。嘟嘟国王无可奈何地摊开两只手，忙向坏脾气女王解释："宴会上的水果都是经过精挑细选的优质水果，至于它们为什么变成这副模样，我也不知道是怎么回事。"

嘟嘟国王忙叫来怪博士，问个究竟。

怪博士端起香蕉片仔细端详了一会儿，点点头说："哦，一定是这些水果发生了酶促褐变。"

"酶促褐变？"嘟嘟国王着急地问，"有什么办法让这些水果不变色吗？"

"别着急。"怪博士转身走进厨房，他重新切了一盘苹果片和一盘香蕉片，然后，拿来装有柠檬汁的小喷壶，把柠檬汁轻轻地喷在苹果片和香蕉片上。

怪博士把喷了柠檬汁的水果放到坏脾气女王面前，毕恭毕敬地说："请慢用。放心，这次水果不会再变色啦！"

坏脾气女王的脸色缓和了许多，她慢悠悠地品尝新鲜可口的水果。接着，正餐开始。

"哈哈！我最最爱吃的红烧茄子、糖醋莲藕、红焖大虾……"看着丰盛的晚餐，坏脾气女王的坏脾气一扫而光，她高兴得眉开眼笑。

吃完晚饭，慢吞吞小姐给坏脾气女王端来一杯黑褐色的咖啡。坏脾气女王端起咖啡仔细端详着，不禁兴高采烈地赞叹道："哈哈！这杯咖啡，还没喝，只看颜色就感觉醇香浓郁……"

慢吞吞小姐小心翼翼地说："哼哼女王，请慢用。"

"哼哼女王？"女王摆摆手，笑盈盈地说，"请别再叫我哼哼女王了。"

"那叫什么？"众人好奇地问。

"哈哈！"女王咧嘴一笑答，"叫'哈哈女王'！"

　　小朋友，你有没有吃过变色的苹果、香蕉？有没有见过黑褐色的土豆和莲藕？有没有遇到过脑袋发黑的油焖大虾？这样黑乎乎的颜色，让人一下子没有了胃口。本来颜色新鲜的蔬菜、水果和大虾，为什么变得这么难看了呢？这是因为这些食物都经历了一场悄无声息的酶促褐变。

　　在一些食物，比如土豆、莲藕、茄子、苹果、香蕉、虾头等中，有很多无色的多酚类物质和多酚氧化酶。本来，多酚和多酚氧化酶被分隔在细胞的不同区域，它们两个是见不到面的，大家都相安无事。可是，在切菜或烹饪时，细胞受到破坏，多酚和多酚氧化酶相遇了，如果正好有氧气，那么，多酚类物质就会在多酚氧化酶的帮助下，和氧气发生酶促褐变反应，最终变成黑褐色。

怎样防止酶促褐变?

发生酶促褐变，必须同时具备三个条件：多酚类物质、多酚氧化酶和氧气。三个"小伙伴"缺一不可。所以要想防止酶促褐变，可以去掉其中一个"小伙伴"。以下是几种常见的方法。

（1）食物泡水或密封

把食物泡在水里或用保鲜膜密封，可以起到隔绝氧气的作用。

（2）食物焯烫

切好的食物在开水中焯烫一下，可以使多酚氧化酶失去活性。

（3）使用柠檬汁

在切好的食物上挤上一些柠檬汁，柠檬汁中的柠檬酸也可以让多酚氧化酶失去活性。

酶　　酚　　氧气

香蕉养颜大作战

🔍 实验准备

香蕉 3 把　保鲜膜 2 张

实验步骤

（1）给三把香蕉标号。

（2）把1号香蕉和2号香蕉包上保鲜膜。

（3）1号香蕉和3号香蕉正放，2号香蕉倒放。

（4）静置一周并仔细观察，可以发现没有包保鲜膜的3号香蕉最先变黑，包有保鲜膜并正放的1号香蕉也有些发黑，包有保鲜膜并倒放的2号香蕉没有变黑，依旧鲜嫩如初。

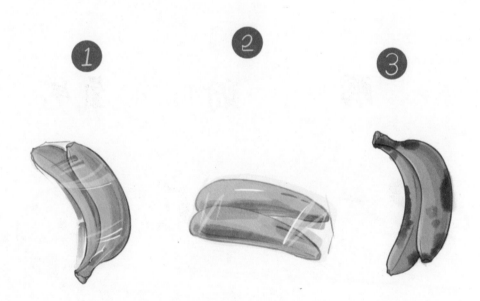

酶促褐变在三个"小伙伴"——多酚、多酚氧化酶和氧气同时都在的时候，才会发挥威力。

1号和2号香蕉外包裹保鲜膜，可以减少和氧气的接触，不容易发生酶促褐变。因此，相比没有包裹保鲜膜的3号香蕉来说，变黑的速度慢一些。另外，1号正放，在自身重量的作用下，下面的果肉容易被压坏，让多酚和多酚氧化酶相遇。因此1号香蕉比2号香蕉更容易变黑。

酶　　酚　　氧气

急匆匆先生的大麻烦

酿酒

急匆匆先生把吃剩下的糯米饭装进一个很大的陶瓷缸里。他总是毛手毛脚，一不小心碰洒了一盆凉白开，又一不小心碰倒了一盒甜酒曲。过了几天，加了凉白开和甜酒曲的糯米饭变成什么样的了呢？

急匆匆先生正在蒸糯米糕，他拎起一大袋糯米，扯住袋子一角，匆匆忙忙地把袋子倒过来——哎呀呀！糟糕！一整袋糯米全都倒进了满是开水的锅里。

太多啦，太多啦！不一会儿，急匆匆先生煮出来满满一大锅糯米饭，他吃了一小碗，开始发愁："吃完饭，我就要去哼哼国出差了。天气这么热，等我从哼哼国出差回来，这些糯米饭肯定会坏掉，多可惜呀！"急匆匆先生急得抓耳挠腮，突然，他想到一个好办法：我可以把米饭盛出来放到大门口。谁喜欢吃，就尽管吃吧！

急匆匆先生想到做到，他立刻搬来一个大陶瓷缸，飞快地把米饭盛进缸里。米饭终于盛完了，急匆匆先生松了一口气，急匆匆地抬起胳膊擦了一把脑门儿上的汗。哎呀呀！糟糕！他的胳膊一不小心碰到了灶台上的一个塑料盆，盆里装满凉白开。哗啦啦——凉白开倒进了盛满糯米饭的缸里。

急匆匆先生慌忙用手去抓塑料盆。哎呀呀！糟糕！他的手一不小心碰到了锅边放着的一盒甜酒曲。哗啦啦——甜酒曲洒进了米饭缸里。

加了水和甜酒曲的糯米饭会变成什么样子呢？

急匆匆先生可顾不上想那么多，他急匆匆地用铲子把糯米饭搅拌

了几下，然后盖上盖子，把陶瓷缸封得严严实实。接着，急匆匆先生手忙脚乱地把装着糯米饭的大缸搬到门口大树下。

两天过去了，急匆匆先生从哼哼国出差回来，他发现陶瓷缸的盖子根本没被打开过。

"哦，我知道了！"急匆匆先生急匆匆地从包里拿出纸和笔，飞快地写了一张纸条："请免费品尝！"他把纸条贴在陶瓷缸上，这才放心地进了屋。

急匆匆先生刚进屋，一个长着尖鼻子的强盗拎着空空荡荡的大口袋从门前经过。"哇！免费品尝！"看到缸上的几个字，尖鼻子强盗眼前一亮，他向上挽了挽袖子，使劲儿打开陶瓷缸的盖子，一股醉人的酒香扑鼻而来。

尖鼻子强盗东张西望，见旁边有半块西瓜皮，忙拿西瓜皮当碗，从缸里舀出一大碗清透的甜酒。尖鼻子强盗一饮而尽："甜丝丝的，好喝，真好喝！"他接二连三地喝了10大碗，这才打着饱嗝，摇摇晃晃地走了。

尖鼻子强盗一面走，一面拿出手机，迷迷糊糊地拨了一个电话号码："喂！是大耳朵强盗吧，我快到亮晶晶珠宝店了，你现在赶紧出发……哦，对了，别忘记带上激光枪和大口袋，这次咱们一定要把亮晶晶珠宝店洗劫一空！"

"啊？"没想到，尖鼻子强盗头发晕，拨错了电话号码，接电话的正好是亮晶晶珠宝店的店主狐狸小姐。狐狸小姐吓出了一身冷汗，她急忙打电话报警。

"别着急，我们马上到！"白熊警官放下电话，立刻跳上摩托车，风驰电掣般向亮晶晶珠宝店驶去。

狐狸小姐哆哆嗦嗦地躲在珠宝店里，她等啊等，一直等到天快黑了，白熊警官还没有来。她只好又拨通了报警电话。

不一会儿，黑熊警长开着警车到了，车里还躺着正在呼呼大睡的白熊警官、尖鼻子强盗和大耳朵强盗。

"他们三个都是在急匆匆先生家附近被发现的。"黑熊警长黑着一张脸，很严肃地说，"根据现场勘查，我发现罪魁祸首是急匆匆先生家门前的酒缸。"黑熊警长立刻打电话叫

来急匆匆先生：“你把酒缸放到门前，白熊警官喝了你的酒，酩酊大醉，导致不能正常出警，所以你做了坏事……”

"不对，不对！"狐狸小姐忙摆手，"尖鼻子强盗喝醉了酒打错电话，我才知道了他们的秘密；大耳朵强盗喝醉了酒不能来抢劫，我的珠宝店才躲过一劫。所以，他做了好事才对哦！"

到底是坏事还是好事？急匆匆先生可管不了那么多，他一直在想一个问题：自己放在门口的陶瓷缸里，明明装的是糯米饭，怎么变成酒了呢？

化学来揭秘

　　小朋友，你喝过甜甜的醪糟吗？醪糟有好几个小名呢，它又叫酒酿、米酒、甜酒。主要原料是糯米（江米），因此，又叫"江米酒"或"糯米酒"。

　　糯米饭是怎么样变成酒的呢？酿酒包含两个很有趣的生化反应：一是淀粉糖化；二是酒精发酵。酿酒的这两个生化反应都离不开酒曲。酒曲中含有丰富的微生物，它们能分泌大量的酶（淀粉酶、糖化酶、蛋白酶等）。这些酶就像一个个小小的加速器，可以快速地把米中的淀粉转化成糖，也就是淀粉的糖化。接下来是酒精发酵，在密封无氧的条件下，这些糖又在酒化酶的作用下发酵，分解成二氧化碳和酒精。于是，白白的糯米饭就变成醇香无比的酒啦！

米酒营养高

　　米酒中含有十多种氨基酸，其中有九种氨基酸是人体不能合成却又必需的。除此之外，米酒中还含有丰富的维生素。因此，人们称它为"液体蛋糕"。

我是小小酿酒师

🔍 实验准备

密封罐1个　糯米　电饭锅　凉白开　勺子　甜酒曲

实验步骤

（1）把糯米放到锅里蒸熟成糯米饭。

（2）把糯米饭装进无油无水的干净罐子里，注意不要装得太满。

（3）在糯米饭里倒上一杯凉白开搅拌均匀。

（4）等到糯米饭温度降到30℃左右时，倒入甜酒曲。（每斤糯米使用2克甜酒曲）

（5）把糯米饭和甜酒曲搅拌均匀，然后把米饭压平压实，用小勺在中间的位置挖出一个出酒孔。

（6）把罐子密封起来。几天后，打开密封罐，你就可以品尝自己酿制的甜甜的米酒啦！

（1）在制作甜米酒的过程中，密封罐一定要保持洁净，做到无油无水，最好先蒸煮一下杀菌消毒，以免影响米酒的口味。

（2）选择糯米时，尽量选择圆粒糯米。因为圆粒糯米中的淀粉更容易被糖化酶糖化。

（3）米酒酿造的时间长短和温度有关。如果发酵温度在25℃左右，需要3到4天，30℃左右，只需要1到2天甜甜的米酒就做成了。

（4）注意：在制作甜酒的过程中，如果密封罐或糯米饭等没有处理干净，遭到了污染，可能会导致有害物质产生，这样做出来的甜酒千万不要饮用。

懒洋洋新发明

自热食品

稀奇古怪国开大会，嘟嘟国王发现一向积极的怪博士没有到场。原来，怪博士得了懒洋洋综合征。他懒得关门关窗，懒得开会……得了懒洋洋综合征的怪博士会不会被饿晕呢？当然不会啦！懒洋洋的怪博士是怎样做饭的呢？

"开会，开会！"稀奇古怪国的大喇叭里传来嘟嘟国王的声音，"今天会议主题是'懒得做饭怎么办？'请美食协会会员十分钟内到会议厅参会。"

不一会儿，稀奇古怪国会议厅里热闹起来。牛小顿、胖公主、咕噜魔法师、慢吞吞小姐、急匆匆先生、哎哟哟医生和嘟嘟国王围着会议桌坐好。

嘟嘟国王清点了一下人数，发现少了怪博士："怪博士为什么没有来？"

经嘟嘟国王提醒，牛小顿这才记了起来："上个星期，怪博士还说要帮我发明一台写作业机器呢，后来一直没有见过他。"

胖公主也说："前些天，怪博士说要帮我研制一种光吃不胖的药。后来，一直没有见过他。"

慢吞吞小姐慢悠悠地说："刚才我仔细算了算，我已经整整一个星期没见到过怪博士了。"

啊？这是怎么回事？哎哟哟医生大惊失色地叫起来："哎哟哟！怪博士会不会生病了呀？"

于是，哎哟哟医生拉着嘟嘟国王一溜烟儿地往怪博士家跑去。

到了怪博士家，只见屋门和窗户都大开着，怪博士正坐在窗户边，迷迷糊糊地打瞌睡。屋子里凉飕飕的，嘟嘟国王和哎哟哟医生都冷得直缩脖子。

　　"哎哟哟！"哎哟哟医生着急地叫起来，"屋门和窗户怎么没有关？如果受了风，着了凉，是要感冒的！"

　　怪博士懒洋洋地抬了抬眼皮，嘀咕了一声："懒得关。"

　　嘟嘟国王问怪博士："今天你怎么没有去开会？"

　　怪博士垂着眼皮，嘴里咕哝着："懒得去。"

　　"懒得关……懒得去……"哎哟哟医生思考了一下，叫了起来，"哎哟哟！怪博士真的是生病了，他得的是懒洋洋综合征！"哎哟哟医生又是摇头，又是叹气："哎哟哟！这种病，目前还没有好的治疗方法。"

"那你赶快去研究'懒洋洋综合征'的治疗方法吧！"嘟嘟国王催促哎哟哟医生。

"好的！"哎哟哟医生忙转身走了。

哎哟哟医生走了好半天还没回来。到了中午，咕噜噜——嘟嘟国王的肚子饿了。他立刻想到一个问题，问怪博士："得了懒洋洋综合征，你是不是懒得做饭呢？"

"当然。"怪博士懒洋洋地说，"不过，我是不会被饿到的。你瞧——"怪博士伸手从抽屉里拿出一个塑料盒。打开盒盖，里面有

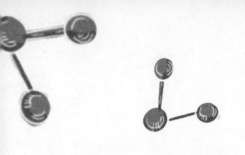

一个塑料盘，盘里装着菜包、饭包、汤包和水包。撕开菜包，哇！大虾、鱼丸、藕片、火腿……好丰盛！

怪博士把菜包、饭包和汤料包撕开倒进塑料盘里，又打开水包，把水洒在饭菜上。接着，怪博士从盒底取出一个塑料袋，撕开塑料袋，里面有一个小包，上面写着三个字："加热包"。怪博士把加热包放到塑料盒底，又拿来半杯水倒进塑料盒里。最后，怪博士把装着饭菜的塑料盘放进塑料盒里，盖上盒盖。

转眼间，盒盖的小孔里"突突突"地冒出一股股滚烫的蒸汽。十几分钟过后，蒸汽越来越少，直到消失。怪博士笑眯眯地打开盒盖，哇！好香！

"做一顿美食竟然这么简单！"嘟嘟国王看得目瞪口呆，馋得口水滴答。

"这是我的最新发明哦！专门为贪吃又懒得做饭的人发明的自热饭！这盒饭菜送给你啦！"怪博士很大方地把饭菜推到嘟嘟国王面前，他拉开抽屉给嘟嘟国王看，"瞧！这里面除了自热饭，还有自热火锅、自热米线、自热面条、自热螺蛳粉……"

"天哪！"嘟嘟国王兴奋得两眼直冒光，他吃了一口自热饭，忍不住叫道，"自热饭啊自热饭，真是好吃又方便！"

"最近总觉得懒洋洋的，于是就做了好多懒洋洋的新发明。"怪博士又开始介绍他的一系列懒洋洋的新发明：为懒得走路的人设计的自

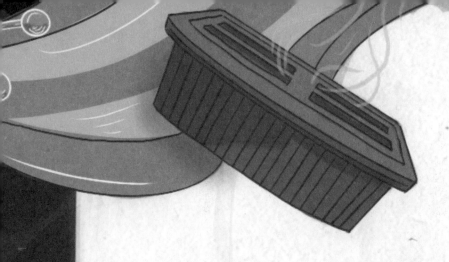

动跑鞋、为懒得梳头的人设计的多功能梳头手、为懒得做梦的人设计的无梦睡眠机……

"哇！真是太神奇啦！"嘟嘟国王赞不绝口。

正在这时，哎哟哟医生举着一串糖葫芦跑了进来，他兴冲冲地嚷道："治疗懒洋洋综合征的药熬制好了，为了方便怪博士吃，我把几个药丸串成了糖葫芦的样子。"

怪博士懒洋洋地看了一眼，没有吱声，他懒得说话。

"等一等！"嘟嘟国王拦住哎哟哟医生，一把抢过药丸糖葫芦，笑嘻嘻地说，"还是让怪博士再多懒几天吧！说不定，他还会有什么懒洋洋的新发明呢！"

厨房是个实验室

天气太热、上班太累、懒得做饭、懒得出门去饭店，可又不想吃外卖，这可怎么办？别急，厨房里的自热饭来喽！只需加一点儿水，等上十几分钟，热气腾腾、香气扑鼻的饭菜就好了。

自热饭不用火就能加热，这个都要归功于盒子里那个小小的加热包。加热包里装着的是氧化钙、碳酸钠、铝粉、铁粉、焦炭粉、活性炭等。其中，最主要成分是氧化钙，小名叫"生石灰"。生石灰一旦遇到水，就会和水发生化学反应，放出大量的热。人们很聪明，把反应生成的热用来加热饭菜，温度可以达到100℃以上。

为了使饭盒里冒出来的水蒸气顺利排出，自热饭盒的盖子上一般会留一个小孔。从小孔里排出来的蒸汽温度很高，所以，在食物加热的过程中，一定要注意远离，防止被冒出来的蒸汽烫伤。等没有蒸汽时，再打开盒盖。

食用自热食品应该注意什么？

（1）发热包上只能加冷水，千万不要图快加热水。热水会使反应更加剧烈，发热包内瞬间堆积大量蒸汽，膨胀破裂，甚至可能会引起爆炸。

（2）要在空气流通的地方使用自热饭盒。因为冒出来的蒸汽里含有易燃成分，在密闭空间容易引发爆炸。

（3）使用前，检查一下加热包，如果加热包有破损，一定不要使用。否则，容易引起爆炸。

（4）自热食品加热时，底部温度非常高，所以，自热食品不要放在玻璃、塑料等桌面上加热，以防桌面炸裂或变形。

（5）自热盒盖上的排气孔一定要确保畅通，不要在盖子上放东西，以免堵住排气孔，引发爆炸事故。

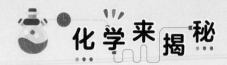

不用火的料理

🔍 实验准备

铝箔盒2个　水半杯　大虾1只　加热包1个

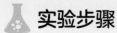 **实验步骤**

（1）取一个铝箔盒，放入加热包。

（2）在加热包上倒入半杯冷水，使加热包刚好完全浸入水中。

（3）把大虾放入另一个铝箔盒里。

（4）把装有大虾的铝箔盒叠放在装有加热包的铝箔盒上面。

（5）等待十分钟左右，大虾就熟了。

（1）加热包上的水不可以放得太多，否则，大量热量被水吸收，食材不容易熟。

（2）尽量选择容易熟的食材，比如大虾、鸡蛋等。

（3）如果找不到加热包，可以从食品包装里找来干燥剂代替，很多干燥剂主要成分也是氧化钙。

（4）干燥剂遇水会产生大量的热，在使用时，一定要注意安全。不要把干燥剂放入密封的容器里，以免发生爆炸。